水的世界

李暎兰◎文　李 里◎图　刘 芸◎译

漓江出版社
桂林

图解水的世界

Copyright© 2012 by Lee Young-Ran & illustrated by E Lee
Simplified Chinese translation copyright© 2013 Lijiang Publishing Limited
This translation was published by arrangement with GrassandWind Publishing through SilkRoad Agency, Seoul.
All rights reserved.

著作权合同登记号桂图登字:20-2013-079 号

图书在版编目(CIP)数据

图解水的世界/(韩)李暎兰 撰;(韩)李里 绘;刘芸 译. —桂林:漓江出版社,2013.8(2019.2 重印)
(我的第一堂科学知识课系列)
ISBN 978-7-5407-6602-3

Ⅰ.①图… Ⅱ.①李…②李…③刘… Ⅲ.①科学知识-初等教育-教学参考资料 Ⅳ.①G623.6

中国版本图书馆 CIP 数据核字(2013)第 147053 号

策　划:刘　鑫
责任编辑:曹雪峰
美术编辑:李星星

出版人:刘迪才
漓江出版社有限公司出版发行
广西桂林市南环路 22 号　邮政编码:541002
网址:http://www.lijiangbook.com
全国新华书店经销

晟德(天津)印刷有限公司印刷
开本:787mm×1 092mm　1/16
印张:8.25　字数:50 千字
2013 年 8 月第 1 版　2019 年 2 月第 6 次印刷
定价:35.00 元

前言

缺水问题——小朋友该如何拯救地球？

地球的温度越来越高，夏季一年比一年炎热。地球正面临确实的灾难，这是史上最严峻的考验。

缺水与干旱并不是最近才有的现象，而是几千年来不时爆发的灾祸，只是近年来有越来越多国家面临缺水问题。

联合国最近提出警告，如果全球人口继续以现在的速度用水，那么在2025年之前，就会有超过27亿人面临严重缺水的问题。到了那个地步，植物与野生动物都会受到严重伤害甚至灭绝，数量也会减少，全球将近百分之四十的物种都有灭绝之虞。动物植物越来越少，人口却继续增长，下场就是水资源短缺会演变成食物短缺。

问题很清楚，那我们该怎么做呢？

有一个办法就是引导小朋友一起行动，因为全球气候变

迁将来对他们的影响最大。这本书要引导小朋友认识并思考缺水问题，了解对抗缺水问题的重要性。小朋友也会认识地球、全球温度，还有全球生态系统，这些都跟水息息相关。

 小朋友阅读这本书还会学到：

★ 水从哪里来，又到哪里去

★ 东方与西方有关水的神话与历史

★ 生活在水里的生物

★ 水有多珍贵

★ 人与水的特殊关系

★ 保持水干净的办法

作者序

水不属于某个人,也不属于某个特定的国家,天空下的雨更不会特别为某些人而集中降在一个地方,河水也不会特别从某户人家前面流过,而大海更不是一些强大、富有的国家所能独占的。水是大家都可以使用的,水是大家都要一起爱护的。

洪水、旱灾、地球变暖、气候异常等,这些人类无能为力的各种自然灾害,已足够让我们很清楚地明白水的重要性,无需一再提醒。

在水资源比现在丰沛,没有半点污染,更不会为水打仗的年代里,水也一样很重要,因为当时的人类从水中获得日常生活所需的智慧。譬如集画家、雕塑家、建筑师于一身的达·芬奇,对水就有深刻的想法。他仔细观察水之后,除了研究如何用水之外,更从水中发现了宇宙的道理:

水有时候敏锐,有时候凶猛;有时候酸酸、苦苦的,但有时候又很甘甜;有时候浓浊,有时候清淡;有时候带来伤害或传染病,有时候却带给我们健康,有时候又变成一种毒药。水流经不同的地方时会变化出不同的性质,就像镜子里的影像颜色会随着所照物体而改变一样，水也会依照流经之处的性质而改变，变得喧哗不已、激烈澎湃、沉静幽深，带硫黄味或咸味，忧伤或愤怒，呈现红、黄、绿、黑、蓝等各种颜色，油腻滑溜、或浓或淡。水有时引发大火，有时又用来灭火；有时热腾腾的，有时凉冰冰的；有时冲走一切，有时则滞留一处。水会让物体凹陷或膨胀，撕裂或聚集，填满或淘空。有时水位上升，有时则泄漏下降；有时流得很快，有时则静止不动。水有时滋养万物，有时则吞噬一切，成为生死与贫富的主因；有时气味强烈，有时则毫无味道；有时以大洪水淹没整个流域。在这个世界上有太多的东西，通过水产生变化。

李暎兰

目录

前言 3

作者序 5

水是如何形成的？ 8

西方的水与东方的水 23

水里诞生的生命体 44

水啊！真的谢谢你！ 51

有水就有人类 66

水生病了 78

我们要为干净的水而努力 96

有关水的常识回答 110

水的相关名词解说 121

水是如何形成的？

无色又无味的水，夏天时变成雨，到了冬天则化成雪，出现在我们身边。水也会在山谷间淅沥淅沥地流，在大海里哗啦哗啦地翻滚，看看我们四周，到处都有水，那么水到底是从哪里来的呢？

水的起源

　　你想要知道水是从何而来吗？或是如何形成的吗？那我们就必须先了解"地球"这个装水的大碗是如何诞生的。从现在算起大约46亿年前，地球还只是一团巨大的旋转气体云，气体云里有着非常小的粒子，它们相互碰撞融合，渐渐地变成很大的粒子。接着这些大粒子以非常快的速度互相碰撞后，产生高温，炽热到可将自己熔化的程度。

这些高温粒子在旋转融合的过程中，较重的金属成分往内部集中，较轻的岩石等成分则移往外层，形成了圆形的星球。经过一段漫长的时间之后，星球的表面冷却凝固成硬壳，就成了今天我们居住的地球。

　　对于地球诞生的过程，到上述阶段科学家们大致都持相同的意见，可是对于水形成的过程却分成了两派。一派认为当时地球的表面几乎都是炽热的岩浆，没有水也没有生命体，而地球四周气体云里的粒子仍持续相互碰撞，产生氢、氨、甲烷与水蒸气等气体，这些气体在地球冷却的过程中渐渐变成乌云，乌云再变成滂沱大雨，持续落至地表，形成滚滚洪水，奔流至凹陷处就变成了湖或海。

　　另一派则认为刚诞生的地球像颗火球一样发烫，虽然后来地球表面渐渐冷却，但内部仍旧滚烫，无法释放的炽热气体累积到一定程度，便会在地球各处引起火山爆发。就在火山爆发时，喷发到空中的大量气体渐渐集聚成巨大的云团，最后持续降下大暴雨。

由小水珠聚集而成的水蒸气

　　所谓的水蒸气，是指"气体形态的水"，也是目前已知水分子所形成的最小单位。当水被煮沸时，上方会冒出白色的烟，然后在空气中消失不见，那就是水蒸气。这些水蒸气看起

来就像物体着火后所冒出的一团团的烟一样，其实是水分子变成无数颗微小的白色水珠，与燃烧物体冒出来的烟完全不同。

会吸水的云

当地球表面吸收太阳辐射的热量后，藏在地底的水及地面上的水，会被蒸发至热空气里。由于冷空气下降、热空气上升的对流原理，躲在热空气里的水蒸气也会跟着升往上空。你或

许会认为天空比地面更接近太阳,所以应该会比较热才对,其实天空不同于地面,由于空无一物,没有可以吸收保存热量的物质,热空气很快被强风吹散,所以热空气往上升到一定高度后会逐渐冷却。

这时,原本聚集在热空气里的水蒸气,便随着风四处移动,直到冷却凝结成一团团的云。换句话说,天上一团团的云是由比水蒸气稍微大一点的水珠聚集而成的。

变成雨前的乌云

躲在云里的小水珠,继续随着风四处飘游,等遇到其他云朵或冷空气后,凝结成更大的水珠。这时就像原本轻薄的纸张或衣服,被水沾湿而变得比较重一样,白云里的小水珠凝结成大水珠后也会变重,于是轻薄的白云逐渐变成厚重的乌云。

那么乌云的颜色为什么会变黑呢?乌云通常都出现在即将下雨之前,乌云越黑越厚,下的雨就越大。因为这时乌云里含有很多水珠,而且水珠粒子也比较大,会吸收较多射进云层里的光线,所以看起来比较黑。相反地,一般白云里的水珠数量

较少，粒子也比较小，光线进入云层后会四处漫射穿透，所以看起来是白色的。

水的另一种面貌

乌云除了里面的水珠较重外，再加上地心引力的作用，自然会越来越接近地面，最后通常都会变成雨水，或是风雨交加，夹带着轰隆隆的雷声和闪电，下起倾盆大雨。如果是在气温降到零摄氏度以下的冬天，就会飘起雪来，有时候雪一落到地面便融化为水。

大自然里的水不停地循环

躲藏在云里的水变成雨或雪降落到地面，最后流进湖泊与河川，或是渗进像海绵一样吸收力很强的地底，在地底静静地躺着，或是变成地下水在地底流动，而这些地下水不是被人类拿来饮用，就是流进了大海。

降在山上的雨水，从高处往低处流，最后聚集在山谷中变成了小溪，小溪再聚集到河川，流入大海。

让大地湿润的雨水，就这样聚集在溪谷、河川、湖泊或大海中，而饱含水分的地面会慢慢向外释出湿气，或因阳光照射而蒸发，或被植物的根吸收，经过叶面的气孔重新回到大气里。那么这些重新回到大气里的水，又会变成什么呢？跟以前一样，变成由小水珠聚集而成的水蒸气，升上天空变成云，再次成为雨或雪降落到地面。

水循环的小小实验

当水壶里的水沸腾翻滚,冒出一团团的白烟时,拿个大汤勺放在冒出白烟的壶嘴上面,没多久就会看到大汤勺上出现一些小水珠。在这个实验里,白烟就是水蒸气,虽然看不到真正的云,但热腾腾的白烟往上飘进大汤勺里形成小水珠,就像水蒸气在云里凝结一样。等大汤勺里的水珠变大后,就会滴落下来。

地球上的水

地球上的水百分之九十七都是海水。海面上的水被炎热的阳光蒸发成水蒸气，水蒸气飘进大气中变成云，云凝结成水变成雨或雪，掉落至地球表面，供地球使用。这些水大部分又回到海中，然后再次循环。

其余百分之三的水，有三分之一流入河川、湖泊及地底。当这些水渗入到地底深处时，会经过各种砂石层，刚好把水过滤净化（净化作用），所以我们挖井取水，必须凿穿这些砂石层，才能抽到地下水。剩下的三分之二的水则在南北极区与高山上，以冰冻的形态保留着。

水停留的时间

水从地球表面上升到大气中，再从大气返回地球表面，总共需要多少时间呢？如果是从地面上升到大气，变成水回到地面，需要8天左右的时间；如果从河面上升到大气，再回到河中需要16天左右的时间；如果是地下水蒸发后再变回地下水最慢需要100年，最快也需要一年。如果回到海里的总水量要等于原有海水的总水量，大约需要2500年，而极地与高山上的冰，大约需要经过12000年才会缓慢融解、蒸发、下雪，再冻结成新的冰。

地球到底有多少水？

如果用水桶来装地球的水，需要多少个水桶呢？其实就算全世界所有的人（70亿人）都提着2个各50升的水桶来装，也只能装7000亿升，等于0.7立方千米（km^3）。但根据科学家计算，全地球的水包含河水、海水、地下水及冰雪，大约有14亿立方千米！

所谓立方千米，就是指长、宽、高各1千米（1000米），所以说要装下全地球的水，就需要14亿个这种大水槽。

水所形成的通道

水流形成的小水道称为"川",水流形成的大水道称为"河",两者合称为"河川"。水流顺着河川冲击河岸或河床称为"侵蚀作用",河岸或河床的沙土被侵蚀而带往下游称为"搬运作用",河水挟带的沙土失去冲力后堆积在缓流处称为"堆积作用",河水搬运来的沙土堆积在河口则会形成"三角洲"。

三角洲是指河水从上游挟带沙土堆积在河口所形成的地方。由于土地肥沃,非常适合种植农作物。三角洲的末端通常

都与大海相连，当河水靠近大海时，就会呈扇子的形状扩散。由于河水流进三角洲后流速变慢，比水重的沙土、叶子等物质便逐渐下沉堆积，使三角洲的土地更加肥沃。

大约5000年前，人类就聚集在三角洲生活，在那儿种植农作物，或航渡大海到遥远的地方去做买卖，于是发展出了大城市，聚集了更多的人，绽放了各种文明的花朵。例如埃及的尼罗河、中国的黄河、印度的印度河等，我们从这些古文明的发源地就可以看出端倪。

水是动植物生长的大本营

水里生长着用肉眼看不到的微生物及各种水草、鱼类和蛙类等。从山上奔腾翻滚而下的河水，在上游布满了凹凸不平的大块岩石，如果把手脚浸泡在上游的河水里，会觉得好像是泡在冰块里一样冰凉。河川上游生长着鲑鱼、鳟鱼、鲼鱼、鲤鱼、雅罗鱼、鳍鱼等鱼类。

中游的河流比上游更深更宽，食物也更丰富。生长在中游的鱼包括：躲在水草间以避开天敌的鳑鲏、喜欢居住在水势平缓区域的扁吻鮈和纵纹鳅、在碎石间筑窝产卵的少鳞鳜、多栖息在河底沙子或小碎石附近的平颌鱲、常见于多石而水质清澈处的斑鳜，以及喜欢缓流或静水的翘嘴鲌等。河流中游的石头上生长着大量的微生物与植物性或动物性的浮游生物，成为鱼

类重要的食物来源。

　　下游的河水比上游与中游混浊，因为从上游与中游流下来的沙土、死掉的微生物，以及像落叶一样掉进来的废弃物，都让下游的河水无法清澈。但相对地，鱼类的食物也就更丰富了，例如古代皇室餐桌上才有的鲚鱼、喜欢独来独往的赤眼鳟等都是生长在下游的鱼类；而海潮起起落落的下游末端则生长着已经适应咸水的白鲦、虾虎鱼等鱼类，至于暗纹东方鲀、鳗鱼、乌鱼等甚至往来于大海与河川中，将安乐的小窝搬来搬去。

世界第一大河

根据2007年的调查，南美洲的亚马孙河比原先公认为世界上第一长的非洲尼罗河，还要长300多米，而且亚马孙河也是世界上流域面积最大的河，巴西、秘鲁、玻利维亚、哥伦比亚、委内瑞拉、圭亚那等许多国家都依赖着亚马孙河。到了2011年8月在亚马孙河4000米处发现了另一条地下河，虽然比原来的亚马孙河短约1000千米，可是依然接近中国长江的长度！

西方的水与东方的水

　　西方人认为水是可怕的,是神圣而不可侵犯的,并且认为,如果没有精灵及众神们在管理这世间的水,大海将会吞没人类以及人类所制造的一切物品。

　　东方人则认为水充满智慧与和平,并深信水与众神一样,能左右这世上所有的生命,会帮助谷物与蔬果成长,孕育森林。

海神波塞冬

波塞冬意为"天地的主人",在希腊神话中是最早出现的水神,掌管湖泊与海洋。他是泰坦神克罗诺斯和女神瑞亚之子,与众神之王宙斯、冥界之神哈迪斯是兄弟。波塞冬脾气暴躁,虽然个性看似温和,但只要一发起脾气,便会造成狂风暴雨,以滔天巨浪吞没一切。

波塞冬在很多艺术作品中象征着海神,常与三叉戟、海豚、金枪鱼一起出现。

爱与美的女神阿佛洛狄忒以及船员的守护神

美神阿佛洛狄忒（罗马神话中称为维纳斯）也是船员的守护神。阿佛洛狄忒的名字含有"从泡沫中诞生"的意思，因为她是从大海泡沫中的贝壳里诞生的。

对船员们而言，万一在海上遇难时，海洋精灵涅瑞伊得斯也是拯救他们的海洋女神。

世界各国有关水的神话

古时候的人相信所有的生命都来自大海，所以认为水是生命的起源，并且觉得无色透明的液体水，有如宇宙的镜子，照映着青山、白云等世上万物，于是产生了很多与此有关的故事。

例如日本自古传说，大海深处有条巨大的鲤鱼，从睡梦中醒来。鲤鱼用力摇摆身体，拍打海水，掀起滔天巨浪，而日本的国土就从巨浪中窜升出来。

印度教神话则传说，作为三神之一的毗湿奴，骑着在海上漂游的巨大蟒蛇到处游走，于是就产生了印度。

　　还有，在美国建立之前，生活在美洲大陆的印第安人中的阿帕切人、皮马人、黑脚人等，深信自己居住的广袤草原，在很久很久以前是平静的汪洋大海，后来出现了一个乘着独木舟流浪的老人（大头目），让海里的陆地露出了海面。

　　除此之外，其他印第安族群则相传，创世之神派遣某种动物进入大海，把海底的泥沙捞上来，然后利用这些泥沙创造了大地。

美人鱼

童话故事里的美人鱼，总是以人身鱼尾的美丽女孩形象出现。传说船上的人只要听到美人鱼的美妙歌声，就会丢了魂似的往海里跳；而安徒生童话里的美人鱼，则因为无法与心爱的王子在一起而化为泡沫。

带给我们人类很多好处的大海，却不一定永远都是个安全的地方。在波涛汹涌的日子里，谁都无法保证在那张牙舞爪的狂风巨浪中可以保住性命。自古以来，航海是件非常吃力的事情，因此大部分船员都是由年轻的小伙子来担任，结果在航海中丧命的也大多是年轻人。

也因为如此，自古相传美人鱼专门诱惑年轻小伙子掉进海里，导致人类对大海产生更大的恐惧。不过，当然不是所有的美人鱼都那么可怕，有的美人鱼不仅引导遇难的船只脱离困境，提醒船员即将面临的危险，有的还会照顾及救活船难的遇害者。

出生于水井旁的国王

韩国古书《三国史记》与《三国遗事》中记载，新罗的祖先"朴赫居世"诞生在水井旁。此水井名为"萝井"，被松树林包围着。当初建立新罗的六名村长，为了选定国王，聚会讨论时，忽然一束奇异的光从天空照在萝井上，村长们前往萝井，看到一匹白马跪在地上，不久后白马飞上天，留下了一个红色巨蛋，没多久一个小男孩便从巨蛋中破壳而出，村长们抱起小男孩到"东泉"帮他洗澡，结果小男孩全身发光，引来鸟儿与动物们唱歌跳舞，天地动摇、日月同辉。村长们认为这小男孩将会带给人类光明，取名为"赫居世"，而巨蛋长得像瓢，于是取姓为"朴"。

根据《三国遗事》记载，朴赫居世的王妃阏英夫人也是出生于水井旁。公元前53年，"阏英井"旁出现一条龙，并且从这条龙的右腋产下一个长有鸟嘴的女婴。一位目睹此事的老婆婆将她抱起，给她取名为"阏英"，并带她到月城北部的小溪洗澡，结果女婴的鸟嘴便脱落了。后来这女孩在十三岁时，成为朴赫居世国王的王妃。

雨啊！求求你快下吧！

古时候的人普遍认为雨是上苍赐给人类的礼物，因为有雨，农田里的作物才能成长，湖泊与河川才有充足的水可供饮

用。过去不像现在一样,四季都能吃到新鲜的蔬菜与水果,所以当年的农作物丰收,古人才能安然度过冬天。可惜雨水不一定如人类的希望那样,适时降落在适当的地方。当需要雨水时却迟迟不下雨,人类就会非常担心与苦恼,因为干旱时间过久,河川就会干涸见底,农田也会干裂,作物接着枯萎死掉。因此只要久旱不雨时,无论东西方,都会为了祈求下雨,而举行祭祀、跳舞、奏乐。

像在印度,人们把活生生的青蛙绑在簸箕上,边唱歌边往青蛙身上泼水；在罗马尼亚，人们将去年采收的玉米穗编成帽子，戴在女孩的头上，村民们边祈求今年农作物丰收，边往女孩头上泼水；在希腊，则让孩童们排成队伍，由全身以花朵打扮的女孩在最前面领队，前往有泉水的地方，沿途的人们边唱歌边往女孩身上泼水。

中国的祈雨祭

根据中国史书的记载，商朝的开国君主成汤在位时，因为久旱无雨，作为一国之君的成汤就沐浴斋戒，在桑林旷野中向神祷告，并深刻反省自己的执政过失，结果就降下了大雨。

除了直接祈求天神之外，中国历代神话中还有许多和雨有

关的神明，包括风伯、雨师、雷公、电母和龙神等，其中最具影响力的当属主宰五湖四海等一切水府的龙神。

春秋时，人们已经普遍把龙当作司雨之神来加以崇拜。汉人祈雨时甚至用泥土做成一条土龙来感应天上的神龙，从而使其行云布雨。到了唐代，还曾流行蜥蜴求雨法，以蜥蜴作为龙的替代物进行祈雨，同时也发展出画龙祈雨的仪式。

宋代时，民间信仰所创造的雨神龙王得到了朝廷的认可，广建龙神庙（或称龙王庙）来供奉祭祀，每遇较大的旱灾，朝廷便派遣官吏到各大寺庙祈拜龙王降雨，并定期举行祀龙祈雨的仪式，龙神成为官方和民间共同祭祀的司雨大神。

水与洗礼

自古以来世界各地都认为用水清洗身体可以净化灵魂，例如中世纪欧洲的凯尔特人获得骑士爵位时，先找个理发师理发、刮胡子，然后一定要到澡堂把身体泡在水里。

水在宗教仪式里扮演着非常重要的角色，像犹太教（犹太民族的宗教）的拉比，在礼拜堂做礼拜前必须先洗手洗脚；基督教的信徒在进入教堂前，手指必须先沾上圣水，然后在胸前画个十字架符号；伊斯兰教做礼拜的清真寺里，则必须具备洗手脚的设施。

在礼拜的仪式中，一般都是用水清洗手脚或其他部位，不过后来在基督教中变成了一种洗礼。因为基督教认为没有受过洗礼的人无法进入天堂，洗礼中使用的水，可以清洗一身的罪孽，拯救自己的灵魂，所以水在这个仪式中占有非常重要的地位。

水与节庆

在菲律宾，很多地方都会举行往对方身上泼水的节庆。例如菲律宾马尼拉的圣胡安区，每年都会为了纪念该城的守护者"施洗约翰"举行节庆，相互或往路人泼水。

在泰国，每年到了4月13日就会举行名为"宋干"的泼水节。这个与水有关的节庆对泰国人而言，是新的一年的开始，因为4月13日在泰国人的日历里就是泰国的新年。

缅甸也在最炎热的四月，迎接他们的新年"达降"，而举办泼水节。缅甸的泼水节无论相不相识，为了祝福对方，他们拿出浸湿的树枝、水壶、水桶、水枪、水球以及消防栓等，只要能泼水的工具，通通都拿出来往对方泼水。这天全身湿透了，也不会有人生气。

在老挝，每年的三月初到四月底的干季末期，大家开始准备迎接新年"比迈"。为了要过年，老挝人在四月中旬开始放下手边的工作，举办名为"宋干"的泼水节。过年假期的第一天称为"旧宋干离开的日子"，他们在家大扫除；第二天为休息日，全家舒舒服服地休息一天；第三天为"新宋干来临的日子"，大家要去参拜九座寺庙并在佛像上洒水。我们从老挝人在自己崇拜的神像上洒水，可以看出他们深信这种做法能驱逐厄运，祈福好运到来。换句话说，老挝人过年时祈求消除去年的厄运，好运随着新的一年一起到来。

而洒在佛像上的水流进木桶里之后，信徒们再将这水倒在人的头上，祈求好运降临。此时年轻人为了表达敬老尊贤，不敢往长辈的头上倒水，而是倒在老人十指合掌的手上，就像倒进佛祖十指合掌的手里一样。很多外国人为了一起共度这欢乐的泼水节，特意来到老挝，所以老挝的泼水节如今已成为国际性的节庆。

柬埔寨的"送水节"就像过年一样，也是个与水有关的节庆。

柬埔寨的5~10月几乎每天下雨，源源不断的湄公河将洞里萨湖注满；11月雨季结束后，湄公河的水量减少，这时洞里萨湖蓄满的湖水开始流回湄公河，鱼虾随着湖水流进河中，沿岸的居民丰收之余，怀着感恩之心恭送河水流向大海，同时展开"送水节"的庆祝活动，包括国内外400多支队伍参与的划龙舟比赛。

水与治病

在法国，病人源源不断地到卢尔德镇朝圣。因为传说1900年时当地有个采石工人路易·布烈德炸瞎了眼睛。他将一处山洞里泉水旁的泥土涂抹在眼睛上，结果恢复了视力。还有一个两岁大的小孩，因为肺结核而下半身痉挛，承受着无比的痛苦，母亲将他浸泡在此地的泉水里，不久后竟然痊愈了。

事情传开后，卢尔德镇涌入了大批病患，据说有些病人喝过当地的泉水后，麻痹的身体有了知觉，或脑部的肿瘤消失不见了等等，出现了无数的奇迹，包括当年发高烧差点丧命的拿破仑之子，也来到这里治好了病。

土耳其有很多观光圣地，其中有个地方被称为棉花堡。那里的白色岩壁间始终有泉水流动。这眼泉水在古罗马时期就因为治好士兵的病而赫赫有名,至今仍有世界各国的人来到棉花堡,想借由这泉水治病。

墨西哥的一个小镇，有一口井被称为"托拉克特之水"，井水含钙量比一般自来水高148倍，含镁量高237倍，含铁量高12倍，治疗疾病具有显著的功效。每年有800万人为了健康而来到此地，其中乌拉圭的某一家医院的病人，喝过这里的水后，有百分之八十的病人痊愈。

温泉

温泉是一种地下水，因为地热而温度升高，涌出地面成为温泉。基本上温泉多在火山地区，因为温泉里含有丰富的矿物质有益健康，所以也有助于治疗疾病。

古时候不像现今医学发达，所以过去皮肤病、神经痛、肠胃疾病等，都依赖温泉来治疗。

中国台湾省位于欧亚板块与菲律宾板块交界处，处于环太平洋地震带，地热遍布台湾全岛，使得大部分地区都有温泉资源，除了云林县、彰化县及澎湖县之外，本岛每一县市几乎都有温泉的踪迹，不管是平原、高山、溪谷还是海洋均有丰富的泉源。称台湾为温泉胜地一点也不为过。

目前台湾省已经发现的温泉据点有一百多处，经测定，温泉年代大多已有一两万年之久，一两处最年轻的温泉也有几千年。

再不洗澡就把你关起来

现在我们天天有热水可以使用，所以几乎每天都会洗澡，而古时候的希腊人也非常喜欢洗澡，每当经历过一场激烈的运动比赛，或打完仗回来，或知识分子们要进行讨论前，都会洗个澡。西方医学之父希波克拉底认为，温暖的水有助于稳定人的情绪，所以治疗相关疾病时都会利用温泉浴。

芬兰的桑拿浴非常有名，芬兰人不只在温泉中生孩子，在举办丧礼前，也会先将遗体摆放在这里，并且还相信把患有精神疾病的人关在这里，用白桦树枝做成扫把拍打病患的身体，

可以把体内的魔鬼驱逐掉。

　　伊斯兰教认为洗澡可以让人有所领悟,不过洗澡是一种奢侈行为,所以不常洗澡而已,但伊斯兰教徒因为不洗澡而生病时,会认为这正是个大好机会,可以让自己反省这段期间所犯的错误。

1920年美国某个城市颁布了一项法令：只要一个星期没有洗澡，就要把他关起来。当然这个法令颁布后，没有一个人因为没有洗澡而遭到逮捕。

古代人多久洗一次澡？

中国东周时的《礼仪》中记载了"三日具沐，五日具浴"的良俗，也就是至少三日洗一次头、五日洗一次澡，因此官府每五天给一天假，称为"休沐"，让官员有空好好洗个澡。到了唐代，才改为每十天让官吏休息一天洗澡。

大约在宋元时，因为商业兴盛，城市中出现了公共澡堂，而一般人家建房也都设有浴室，沐浴就更为普及了。

韩国历史记载朴赫居世与阏英夫人诞生时，村里的人都给他们洗了澡，这是韩国最早洗澡的记录。之后韩国佛教盛行，新罗人相信洗澡可以净化心灵，因此时常洗澡，并且在寺庙内建造大型的公共澡堂，以及具有洗澡设备的建筑。

光着身体的科学家

古希腊科学家阿基米德有一次光着身体从浴缸里跑出来,在大街上大喊着:"尤里卡,尤里卡!(Eureka, Eureka!)"Eureka就是"我找到了"的意思。当时阿基米德正一边泡澡,一边为国王的纯金皇冠里到底有没有掺加银的难题而深感苦恼,看见水溢出浴缸时,灵光一闪,终于找到了解决的方法，竟然高兴得忘了穿衣服就冲到大街上。

阿基米德靠着洗澡，发现不同物体的重量相同，体积却不一样，因此放进满水的容器里溢出来的水量也会不一样，所以他把一块与国王皇冠一样重的黄金放进满水的容器里，另一个满水的容器里则放进国王的皇冠，然后比较两个容器溢出来的水量，证明了制作皇冠的人欺骗了国王的事实。

水里诞生的生命体

我们在妈妈肚子里像大海一样的羊水中，住了九个月之后，破水而出，来到这个世界。

在原始的大海里

地球诞生后，大海也很快地跟着形成，接着在大海里一点一点地发生令人不可思议的事情。形成大海的各种元素相互有了反应及变化，制造出可以构成生命体的 有机物。这些元素在很长的时间里，不停地制造有机物，直到34亿到35亿年前，地球诞生了最简单的生命体，这些最原始的生命体诞生后，又经过了很长的时间，有更多的生物上场。这些生命体经历过复杂的演化，部分生物登上了陆地，继续演化，诞生更多的生物，所以可以说，地球上的所有生命体全都起源于水中。

有水才能活

包括人类、其他动物和植物在内的所有生物，一旦没水就无法生存下去。人可以一个月不吃饭也能维持生命，可是不喝水却撑不了一个星期。因为人类体内的所有器官与细胞都非常活跃地运作，如果不喝水，器官与细胞所制造出来的废弃物，便无法排出体外，而会引起中毒。

所以我们的身体只要缺少百分之一到二的水分，就会觉得非常口渴，如果缺少百分之五的水分时会昏迷不醒，如果缺少到百分之十二的水分时就会死亡。

水与我们的身体

当妈妈的卵子与爸爸的精子相遇，已准备好诞生一个生命体的受精卵将渐渐分裂成长为胚胎。这胚胎在与大海非常相似的液体（百分之九十六是水）里成长为婴儿，然后为了来到这世上改用鼻子呼吸，而"哇哇"地放声大哭。

刚出生的婴儿身体百分之七十五都是水，渐渐长大成为大人时，男性体内的水大约占百分之五十五，女性则占百分之五十。我们再来看看各器官的含水比例吧！肾脏含水百分之八十一，心脏含水百分之七十九，脑含水百分之七十六，皮肤含水百分之七十。

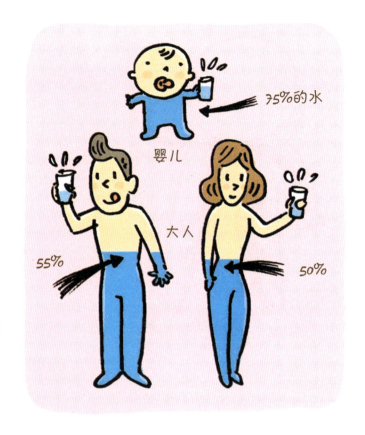

细胞与水

水在人类体内非常活跃，在各细胞间跑来跑去，为了让所有细胞的里里外外各部分可以滑溜溜地活动，而扮演着润滑剂

一样的角色。

细胞就像这样被包围在润滑剂一样的"组织液"里，这组织液不只提供细胞养分，而且会将细胞里的废物搬运出来，就像我们带着礼物登门拜访朋友一样，寒暄叙旧后，道别离开时还顺手将朋友家的垃圾带出去丢掉。

除了组织液之外，人体的水还包括膀胱内的尿液、脑内的脑脊液（保护脑脊髓免于外力直接撞击的液体）、骨头与骨头间的关节液、眼睛内的房水（保护角膜、水晶体与虹膜）和泪水、皮肤内的汗水、肺部内的水蒸气等。

口渴时咕噜咕噜地喝水

跑了一圈操场、吃了很咸的东西、天气太炎热、做完很累人的事情时，都非常想喝水吧？这种很想喝水的现象，我们称为"口渴"。

当水分随着血液在体内循环，透过汗水排出体外，使得血液浓度过高时，脑部就会发出"血液里水分不足"的讯号，脖子后方的脑下垂体开始制造激素（荷尔蒙）引发口渴，于是有了"啊！口好渴啊！好想喝水啊！"的想法。

水与植物

有时口渴，会拿小黄瓜或水梨来吃，发出喀滋喀滋清脆的响声，果菜的汁液流进喉咙里，也能够解渴，因为水果与蔬菜大多含有大量水分，例如莴苣含水量高达百分之九十七，西红柿里也有百分之九十三是水。

虽然植物没有抽水机，可是根部具有抽水机的功能，可以让水在植物体内不停地循环转动。先从根部吸收地底的养分与水分，再由叶子把水分蒸发出去。当然如果根部无法吸收土地里的水分，植物就会枯死。

植物通过叶片细孔吸进空气中的二氧化碳，和由根部吸收的水结合后，利用阳光与叶绿体进行光合作用，将其转变成葡萄糖，同时通过叶片细孔释放出氧气与湿气（水分）。所以覆盖大地的植物逐渐减少时，像沙漠一样干燥的土地将会越来越多。

水啊！真的谢谢你！

水是可以制造的

地球刚诞生的时候，因为火山爆发，从地球内部喷出非常多的气体，其中的氢气与氧气结合成水蒸气，在高空中聚集成云，再凝结成雨水落至地面。1771年，英国科学家普利斯特里通过科学方法，研究并发表了关于水的结构的论文，他率先把氢气与氧气混合后，透过电制造出水。另一位英国科学家卡文迪什从1771年到1784年，透过无数次的实验，发现氢气与氧气以2∶1的体积比例可以结合成水。之后也有一些科学家，用氢气与氧气制造水，证实了水是由2个氢原子与1个氧原子结合而成的，并以化学符号"H_2O"来表示。

水是混合高手

水虽然无色无味，却是能和任何东西混合的高手，因为它和大部分物质结合后，都可以制造出新的物质。例如与盐混合时变成盐水，与糖混合时变成糖水，与泥土混合时变成泥浆，与五谷粉混合时变成面糊。

水之所以那么容易混合，是因为水中的氧特别喜欢和不稳定的物质混合。每当水中加入其他物质时，氧的分离力量比结合力量大八倍，所以遇到任何物质，总是会离弃氢，而与其他物质混合。

而且氧在混合的过程中，会先将要结合的物质分裂。例如遇到由钠（Na）与氯（Cl）结合成的盐（NaCl）时，氧一定会毫不客气地把盐分裂成钠（Na）与氯（Cl），而且为了不让它们两个再结合成盐，于是水分子将它们分开来团团包围，结果白色颗粒状的盐，在水里被氧拆散变成了透明的盐水。

水往低处流

无论是弯弯曲曲流动的小溪、汹涌澎湃的海浪、从天空落下来的雨滴还是翻卷的旋涡等等，水不管用什么形态呈现，因为地心引力的关系，总是从高处往低处流。除非受到其他外力作用，例如水泵抽水、地震海啸、潮汐现象或毛细现象等，才会出现短暂的水往高处流的现象。而水往低处流的这种自然特性，刚好可以让人类善加利用。

水力发电

　　这世界上所有的东西,没有能量是无法活动的。包括动物、植物、电视、电动玩具和我们的身体,都需要能量才能动起来,因此我们可以进一步说,能量是"让这世界活动的力量"。

　　水中也含有能量,我们可以利用水从高处往低处落下时,所产生的势能让水车转动,进而带动与水车联结的发电机运转产生电力,这就称为水力发电。

水力发电主要有两种，一种是架设长条的密闭水路，将上方的水冲往下方发电机的水路式发电；另一种是利用河川上游与下游间的水位落差来获得能量的水坝式发电。除了水路式与水坝式发电之外，还有一种是靠人为改变河水的流向，制造出更大势能的流域变更式发电。

比起以煤炭、石油作为燃料的火力发电，以及利用放射性物质的核能发电，水坝只需靠水来制造能量，所以不会造成空气与土壤污染，而且除了需要建造水坝外，只要河水没有枯

水力是利用水从高处往低处落下时产生的力量！

水坝

　　建筑横跨河川的水坝,来拦截河水或使水流减缓,会形成人工湖或蓄水池。大部分的水坝都会设置活动闸门,可以让河水分阶段流出去,调节蓄水量。如果上游突然山洪暴发,而水坝闸门又未适时打开来调节蓄水量,瞬间暴涨的水势便会溢出水坝,汹涌冲往水坝下游,将附近的动植物淹死或冲毁农田房舍等。

　　水坝主要是为了预防洪灾与旱灾而建造的。当大雨不断,使坝内蓄水量逼近满水位时,打开闸门分阶段泄洪,避免下游的密集人口被瞬间洪水淹没；在雨季雨水较多时，除了必要的泄洪之外，将丰富的雨水蓄存起来，以备干旱时将储水输送至净水厂或灌溉渠道，供民生与农业使用。水坝里的水除了供民生与农业使用外，因为建造水坝后，上游与下游的水位会形成很大的落差，可以利用这个落差来进行水力发电。

历史最久的水坝与最大的水坝

人类最早什么时候建造水坝已无法考证了，可是如果去埃及的话，就可以看到公元前2900年时兴建的水坝，虽然只剩下被冲毁的遗址，无法使用，却是目前所知最古老的水坝。

罗贡水坝　　卡里巴水库

而历史悠久且仍可使用的水坝位于叙利亚的奥龙特斯河，建于公元前1300年左右。此水坝里层为黏土墙，周围铺上碎石与沙子，再用石头堆叠而成。在没有任何机械设备的三千年前，只靠人力建造的这座水坝至今没有崩毁，仍继续使用，建造技术真是非常了不起啊！

塔吉克斯坦共和国瓦赫什河上的罗贡水坝是兴建中的世界最高水坝，坝体的计划高度为335米，而截至2013年为止，已完工的世界最高水坝为中国的锦屏水坝，坝高305米。

目前世界上蓄水量最多的水坝位于非洲赞比西（Zambezi）河上的卡里巴水库，这个水库的发电量可供应津巴布韦和赞比亚两国，蓄水量约1800亿吨，这些水如果用长宽高各1米的箱子来装，共需要1800亿箱那么多。

潮汐发电、波浪能发电、海流发电

除了水力发电外，还可以利用其他方法获得水的能量喔！那就是利用海水。海水一天有两次涌上陆地又退回去，所以当<u>涨潮</u>时把海水挡住，再利用闸门打开时海水冲出去的力量，以及当<u>退潮</u>时利用海浪退去的力量，来获得能量，这就叫做"潮汐发电"。

2012年之前，世界上最大的潮汐发电厂是法国兰斯潮汐发电厂，它可以发电24万千瓦。它始建于1966年，迄今已经服役

四十余年。不过现在,韩国的始华湖潮汐发电厂已经以25万4000千瓦的发电能力超越了它。

兰斯潮汐发电厂

除了潮汐发电之外,还可以利用海浪获得电力,称为"波浪能发电"。把圆筒状的发电设备,放在大海上载沉载浮,利用海浪来来回回,灌进筒内产生空气推力转动发电机来获得电力。不过波浪能发电所获得的电力,相较于需要装设大量设备的发电成本,效益偏低,所以至今无法广泛利用。

比起波浪能与潮汐发电，利用海水流动的力量来发电的海流发电，是技术更先进的发电方法。所谓的海流发电，是在海水流动的地方装置旋转的水车来发电，这与利用风力来发电很相似，只是海流发电是以水来代替风。更何况海水时时刻刻都在流动，不像风一样，一会儿有风一会儿没风，所以海流发电可以更稳定地获得电力，再加上不需要像潮汐发电一样建造水坝，也不用像波浪能发电一样麻烦得要出动船只，所以不管对环境、对我们人类，都是一种非常好的发电方法。

洋流黑潮一年四季定向往北流动，自菲律宾转向台湾岛后，与台湾陆地距离不到一千米，而且流速每秒1米，宽达150千米，是一股巨大无比的能量，若通过科技转化，将是最天然、最干净的发电机。

除了以上的发电方法之外，还有利用表层海水与深层海水温差的海水温差发电，以及借由小溪或瀑布冲下来的力量发电的小型水力发电等。

我们可以喝海水了

在海水浴场游泳，不小心喝到海水时，会觉得海水怎么那么咸？其实你只要在1升的自来水里，加进两汤匙半约35克的盐，就是海水的味道了。将咸咸的海水变成可以喝的水，称为"海水淡化"。

海水淡化的工程基本上适用于被大海包围的岛屿，或靠近大海却缺乏淡水的国家，不过如果人类过于浪费用水，造成严重缺水时，也会进行海水淡化工程。

海水淡化的方法可分成两大类，中东地区最常使用的方法，就是先蒸发海水制造水蒸气，然后再将这些水蒸气凝结成液体，将纯水与盐分离。

另一种方法是利用薄膜过滤海水里的盐，称为"逆渗透法"。

蒸馏海水

人工降雨

　　在科学还没有像现在这么发达的时代里，遇到干旱，农作物都要枯死时，人类只能祈求上苍下雨，举行祈雨仪式，高喊着："拜托老天爷，求求您下雨吧！"而且他们把这种心境寄托在龙或青蛙等与雨有关的事物上。

　　但是自从1946年人类研发了"人工降雨"的技术后，就不需要完全仰赖老天爷了，人类可以在指定的地区安排人工降雨。所谓的人工降雨，是指利用飞机在云里喷洒"雨的种子"，或施放降雨的设备，把云里的水滴变成雨滴。

其实美国为了获得饮用水或耕种作物的农用水，澳大利亚为了水力发电，都曾成功利用人工降雨来降雨。2008年北京举办奥运会的时候，为了避免开幕式下雨，特地以人工降雨的方式提前降雨；2011年冬天中国很多地区持续大旱，于是利用人工降雨在山东省、山西省降下了雨雪。

未来人工降雨的技术越来越进步时，一定会有助于解决非洲因为几乎不下雨而严重缺水，以及地球越来越沙漠化等问题吧！

利用水制作氢能源

最近科学家从植物光合作用想出一个点子，利用阳光分解水而生产更多氢气。这项技术利用阳光的可视光照射水中的纳米光触媒，从而将氢气（H_2）从水（H_2O）中分解出来。

由于氢气可以制造出不会污染环境的燃料，所以氢能源的开发，将更有助于环境的保护。

利用阳光与水制造出氢气后,获得零污染的燃料来发动飞机、汽车等,这样我们就可以储存更具有经济效益的能源,安心地使用。

有水就有人类

地球自从出现海洋,便在海里产生了简单的生物,经过复杂的进化后诞生了人类,而人类总是聚集在有水的地方生活,因为有水的地方,生长着蔬果谷物以及可以盖房子的树木,还有鱼可以捕来吃。

国家与水

我们观察不识字又不会使用火的原始人住处，可以发现他们大部分都住在容易取水的地方。当一个国家建立后，沿着河水耕种农作物的城市逐渐发展起来，就像中国的黄河与长江、法国的塞纳—马恩省河、印度的印度河与恒河、韩国的汉江、德国的莱茵河、英国的泰晤士河、俄罗斯的乌拉尔河等，很多国家都以河川为中心，增长国力，发展成一个强大的国家。

除此之外，世界各国还有很多重要的河川，例如经过很多南美洲国家的亚马孙河与奥里诺科河、非洲的刚果河、阿根廷的巴拉那河、巴西的马代拉河、美国的密西西比河、东南亚的湄公河等。

干净的水、污染的水

在没有自来水的年代里,除了井水与泉水之外,古人会用凿空的竹子或树干承接小溪里的水来使用,以及到河边洗衣服,或到山溪旁洗澡。那个时候使用过的水,通过河水流进大海里没有很大的问题,因为在大自然净化的作用下,经过一段时间,水就会自动变干净,可是后来随着城市开发过快,人口增长迅猛,大自然净化水的速度,比不上人类用水污染的速度。

而人类根本不知道自己在污染水,依旧每天毫无节制地使用,终于受不了水污染所发出的恶臭,有的甚至因为水污染而生了病,于是人类开始规划设施,将干净的水与污染的水区隔

2300年前就已经有引水渠道与下水道了。

开来。

净水的引流通道称为引水渠道，排放废水的通道叫做下水道，2300年前的古罗马时代就已经有引水渠道与下水道了，古罗马人花了数年的时间，架设总长16.6千米的引水渠道，把山上清澈的水接引下来，使用于澡堂或公共场所里的喷水池等。

中国汉武帝元狩三年（公元前120年）在长安城近郊修昆明池，引水供长安城宫廷园林及居民用水。至于下水道则早在战国时期便有陶制的排水沟渠。唐代扬州城的排水涵洞，宽1.8米，高2.2米，可容人自由穿行。

什么时候开始使用自来水的呢？

中国最早的近代自来水工程是大连旅顺口的"龙引泉"工程。1879年，清末名臣李鸿章计划在旅顺港打造一支当时亚洲最为强大的舰队北洋水师。为了给海上的官兵解决饮用水问题，他派人寻遍旅顺各地挖掘淡水资源，终于发现八里庄的清泉。李鸿章将此泉命名为龙引泉，修建了近代中国第一个城市自来水工程。最近，枯涸多年的龙引泉又焕发青春再度喷涌。

中国香港特区由于自然原因，淡水缺乏，自建埠开始，饮用水一直就是主要依靠大陆供应。早在1960年，当时的港英政府就已向广东购买2270万立方米东江水，再经处理后变为自来水。之后随着用量增加，购买量不断上升，截至2013年，特区

政府为向广东省买水，缴付了高达37亿4330万人民币的费用。

自来水是怎么完成的？

　　自来水为了去除水里的杂质与细菌、异味与腥味，而加进各种药剂，制做成洁净的水。所有的自来水都须经检验合格后才供给民众使用的，而自来水在到达我们每家每户之前，它还经过了相当复杂的净化过程。

　　自来水的净水过程如下：取水口（引入河水）→沉沙池（进入流速较慢的渠道，初步沉降较大的沙石颗粒）→分水井

（分配水量到不同的净水处理区）→混合池与凝集池（利用机械搅拌，将原水与消毒剂、混凝剂充分混合，进行初步杀菌，并使混凝剂和水中杂质形成小颗粒）→沉淀池（将前面步骤产生的小颗粒、悬浮固体，利用重力沉降，形成固体、液体分离）→快滤池（由砾石层、细沙层、无烟煤层铺设而成，可过滤掉水中更细小的颗粒和微生物）→清水池（过滤后的清水，再进行加氯消毒、杀菌）→配水池（用来调配水量）→送往自来水用户。

自来水安全吗？

1991年3月的某天，韩国东南部龟尾工业区里一家制造电子产品的工厂，将苯酚排放到洛东江内长达八小时。苯酚是用于制造防腐剂、消毒杀菌剂、合成树脂、染料等的化学药品。当时居民根本不知道苯酚流入洛东江里，结果当地的自来水发出了严重的恶臭味，因为苯酚与氯产生反应，制造出了氯酚。而氯酚的毒性非常强，可以让田里的杂草枯死。孕妇若喝了含氯酚的自来水，会导致流产或产下畸形儿等，带给人类很大的伤害。

　　虽然很多人因为这一事件而不再相信自来水，但是通过这次教训，大家再次对环保做了深刻反省，并且制定了严格的水质检验标准，努力制造干净可喝的自来水，如今以洛东江水作为自来水源的釜山与庆南地区，成为韩国自来水最洁净的地区。

　　你常会因为自来水里有消毒味而觉得怪怪的吗？那就照下面的方法做做看。先接一杯自来水静置片刻，放进冰箱里一阵子后再拿出来喝看看，你会发现消毒味完全不见了，而且可以看见杂质沉淀在杯底。想要让水的味道变得更好，可以把木炭放进水里，因为木炭不只会让水变好喝，还可以吸收水中不好的物质。如果煮开水时加些炒过的大麦或玉米，味道也不错喔！

花钱买来喝的矿泉水

改革开放之前,大部分中国人觉得直接喝自来水或煮开后喝就可以了,实在无法想象需要花钱买水来喝。虽然早在70多年前,中国就已开始生产瓶装矿泉水,但由于价格昂贵,几乎无人问津,直到1989年,中国将瓶装矿泉水定为八大饮料之一,同时随着人民生活水平的提高,瓶装矿泉水才逐步普及。

我们现在喝的瓶装水,都是把地下水、岩盘水、泉水等过滤杀菌后,装入瓶中来卖的。

欧洲早在公元1800年就开始贩卖给人喝的水，由于当时大部分的水都含有石灰质，很容易引起腹泻，因此欧洲人想尽办法寻找好的水来喝。而美国在1900年初矿泉水上市后，很多人为了健康，也都开始买水来喝。

如今有些地方的矿泉水因水质优良而闻名于世，甚至还有专卖宠物饮用的矿泉水呢！

因水获益、因水生病

1832年，英国忽然有五万人莫名其妙地生起病来，而且随后原因不明地一一死去。那是因为城市在短时间内极速发展，聚集了太多人，因此整个城市一下子变得非常肮脏，再加上当时英国的输水管与下水道没有明确地分开管理，街道上到处散布着污水与废水。

其实这种病是从1817年印度孟加拉地区开始的，接着蔓延到斯里兰卡，两年后随着人类与货物乘着船穿过大海，来到东南亚、中国，到了1821年传入韩国，之后再通过日本，传到了英国。

夺走全世界无数人生命的这种疾病，叫做"霍乱"，又称为"水传染病"，也就是说这是个与水有关的疾病。霍乱病菌容易孳生在输水管与下水道设备不够完善的地区，会让很多人

染病。其实某些地方因为常下雨或淹水，造成下水道里的污水溢出地面，就算输水管建设完备，也无法保证不会感染霍乱。

感染霍乱时，人体内的水分因经常呕吐而大量流失，接着不停腹泻，严重时一个小时可腹泻一升的水，导致体内水分不足，产生脱水现象，最后很有可能休克丧命。而水是治疗霍乱的主要药方，及时补充水分及电解质，就可以让病情好转。

除了霍乱，忽然让身体发烧接着呕吐腹泻的疟疾，也是水传染病，因为疟疾是经由蚊子传染，而蚊子也是透过在水中产卵来繁殖。

水生病了

　　近来世界各地为了水引起很多纷争,虽然大家都觉得目前地球上仍有很多水可以使用,可是地球人口逐渐增加,又有太多人不懂得珍惜,毫无节制地用水,如果再这样继续下去,河水与地下水总有用尽的一天。除此之外,我们还很有可能因为无法饮用干净的水而生病死掉。根据联合国调查,进入21世纪后，全球的用水量将增加六倍，百分之四十的人口将会面临缺水的问题，根据2011年的统计，竟然有8亿8400万人因为没有干净的水喝而受苦。

水有时候很温驯，有时候很凶狠

当酷热的太阳仿佛要把地球熔掉，让所有生物干渴得垂头丧气时，水总是以甘霖的姿态适时降临地面；在世界仿佛被寒冰冻结而停止转动的冬天里，水则送来皑皑白雪，带给人类欢乐。

然而不管是雪还是雨，它们有时候又以另一种面貌来威胁

我们。例如让气温骤降，导致冰雪覆盖了半个地球，使得人类因为暴雪纷飞而动弹不得，哪儿都去不了。或是让空气升温，再与强风连手，形成狂风暴雨，淹没农夫们辛辛苦苦种植的农作物，甚至让洪水冲走家禽与家畜，还有我们人类。

水可以分解一切

当水变成阵雨降下时，就算只下10毫升的雨，每平方千米的土地会被雨水冲走100千克的泥土。到了夏天台风来袭时，海水卷起的巨浪可以移动与冲毁巨大的消波块，这种消波块需要100个人合力才抬得起来。水具有这么强大的威力，也可以在某些工作中看到，例如以强大压力形成的细长水柱，可以切割坚硬的石头及数片叠在一起的铁板。

水就是金钱

很多人在刷牙时，就算手上拿的漱口杯已装满了水，却还是开着水龙头让它流。当双手还在抹肥皂时，却任由水龙头的水哗啦哗啦地不停往排水孔流去。

你知道吗？我们使用的水中，真正利用的水只有百分之五，剩下的百分之九十五全都白白流掉了。

来！我们先到浴室里看看吧！如果你刷牙时让水龙头开

着,将会有15升的水白白地浪费掉。我们既然生活在什么都要花钱的时代,那就用钱来计算一下好了。外面卖的矿泉水600毫升装,以2元来计算,刷牙三分钟我们花掉了50元左右。

那在厨房里呢?清洗莴苣叶片或洗碗时,没有用橡皮塞塞住水槽的排水口,一分钟将流掉7.5升的水,也就是说我们浪费了25元。

再来看看洗衣机,如果里面只装一半的衣服就开动来洗,大约会浪费114升的水,这样你在洗衣机里浪费掉了380元。

爸爸正在院子里洗车子,而且拿塑料水管往车上拼命喷水，像这样用塑料水管洗车时，大约会使用227升的水，如果用海绵蘸水洗车子的话，只要11升的水就够了，这样看来，爸爸以后要努力多赚720元了。

我们在刷牙、洗菜、洗衣服、洗车的过程中，总共白白浪费掉了1175元左右。除了上述这些，还有很多地方也会让水白白流掉，想想看，自己在用水时到底浪费了多少钱。

水被污染的过程

接着我们来了解一下，人类是多么地欺负水。

工厂与汽车排放的废气在空中和雨混合成酸雨，流入田里、河里、水库里，甚至渗入地底污染地下水。

把家畜的排泄物当成肥料，施肥到农田里，等下雨时，这些排泄物与雨水混合后，渗入地底污染地下水。

在农田里喷洒的肥料与杀虫剂，都含有对身体有害的化学成分，这些化学成分溶于水后流进河里，毒死了鱼类。

采矿时，矿坑里的有毒烟尘随着矿石一起运出来，随风飘进河川里，污染河水。

从垃圾场里流出来的污水，除了渗入地底，也流入河川里。

核能发电厂里使用的水，以及具有放射性的废弃物，流入海里，破坏了大海中的生态环境。

油轮里泄漏出来的石油污染了大海，导致鱼类死亡，而人类又把被污染的鱼吃进肚里而生病。

家庭里用过的水，没有透过污水处理厂处理，直接排放导致污染河水。

工厂里使用的水含有重金属与毒性物质，所以绝对不可以随便排放。

丢弃在海滩与河边的垃圾，大部分都不容易腐烂，所以破坏了鱼类生长的环境。

怎么样？你一定没想到会有那么多的污水流进河川与大海里吧！

全球变暖与地球的未来

我们时常看到新闻,以忧虑的语气报道,地球的气温节节上升,以及南北两极的冰山一一融化。全球变暖是因为"汽车、工厂等排放的二氧化碳、甲烷,让地球与大海温度变高的一种现象"。当地球温度变高时,农作物无法正常地成长,森林逐渐缩减,越来越多的绿地变成沙漠。而大海温度升高时,海里的藻类迅速大量成长，造成大海缺氧，导致生长在海里的生物缺氧窒息而死，还有两极地区的冰山融化，海水上升淹没了部分岛屿及滨海城市。

如此一来，人类与动物居住的陆地越来越小，而制造新鲜空气与守护地下水的森林也逐渐减少，这样继续下去，地球很有可能变成一个任何生命都无法生存的恐怖星球。

冰河啊！别再融化了

冰河储存了我们人类可以使用的天然水，它不像海水，一点都不咸，也不像雨水马上就溶入大海里。如果因为全球变

暖，原为各大河源头的冰河全部融化，河水经由下游全部流进海里后，河流的源头干涸，全球各地将会发生旱灾，世界人口将有一半面临没有水喝及挨饿的困境。你问冰河融化后人类为什么会挨饿？因为没有水，农作物就无法成长。

而且冰河快速融化时，大量河水冲往中下游，很可能造成泛滥，而水库里的水位暴涨溢出大坝，也会导致很多人失去生命。

冰湖泛滥

如果冰河融化的水大量流进冰湖里，将会造成严重的泛滥，而这都是因为全球变暖造成冰河快速融化的结果。尤其喜马拉雅山脉上的冰河一旦快速融化，尼泊尔与不丹境内50多个冰湖，很有可能在一夕之间泛滥酿成洪灾。

2007年夏天，靠近巴基斯坦与中国边界的罕萨山谷里，就有个小村落被洪水淹没了四次，别说是房屋，连农田都浸泡在水里，村民只好赶紧逃难。

　　尼泊尔最危险的邱罗尔帕冰湖越来越大，如果泛滥，除了将会有一万多人失去生命外，也会殃及其他村落。

淹没陆地的大海

　　目前全球的海平面，每年平均上升1～2厘米。海平面上升表示海水量增加，有些陆地将会被海水淹没。陆地浸泡在咸咸的海水里，农作物将无法生长，树木会被咸死，饮用水也将遭

到污染。

孟加拉湾的海平面上升；喜马拉雅山脉的冰湖融化，造成很多河流一再泛滥；2004年因为洪灾，有一半以上的国家泡在水里。

印度洋有个美丽的岛国马尔代夫，为了让岛上的建筑物不被大水冲倒，在海边堆起石头与砂石，并利用砖块修建防波堤。

由九个岛屿形成的图瓦卢，已经有两个岛屿沉入海里，海水淹没陆地，植物无法生长，面临粮食不足的困境，目前估计50年后，图瓦卢将会全部沉入大海，在这世上完全消失。

破坏大自然的水坝

水坝虽然带给我们很多好处，可是对大自然而言，水坝却非常不讨人喜欢，因为在河川上建造水坝后，河道会改变，对生长在那里的生物造成冲击。例如原来河道中的鱼等动物，忽然没有食物可吃而饿死；本来长得绿油油的植物，也因无法适应突然改变的环境而逐渐消失。

还有随着河水流动的沙石，被水坝挡住而堆积在水库里，导致水坝下方的河水过于清澈。这样一来，河底没有足够的沉积物，害得生活在那里的泥鳅、鲶鱼等，失去了自己的家园。

因为水坝形成的湖泊与蓄水池，如果没有流动而发臭，生长在那里的生物都会死去。到了多雨的夏季，为了预防泛滥而把这些臭水排放至下游，也会污染下游的河水。

生长在上游的鲑鱼、鳗鱼等鱼类，有着出生后游到下游生活一段时间，等产卵时再游回上游的习性，可是中途若被水坝阻挡，这些鱼便无法回到上游产卵，这样下去，我们很有可能日后再也无法看到鲑鱼与鳗鱼了。

受到威胁的地下水

市面上销售的矿泉水中标明岩层水的,不断宣传水有多么清澈,又对身体多么有益。作为矿泉水原料的岩层水,其实就是地下水。

所谓的地下水,是指雨雪渗入地底,流进地层与岩层之间的水。流进地底的这些水,穿过沙子、碎石、岩石,过滤净化后又会变成纯水。

这样的地下水有自然涌出地面的泉水，以及人类凿穿地层后，汲取上来使用的井水。

可是人类过度开发，工厂把用过的污水随意排放，污染了地下水。

由于地下水是从地球第一次下雨开始到现在，经过很长的时间慢慢流过岩石与沙土而形成，所以当它被污染后想要恢复原貌，相对地也需要花很长的时间。

还有只因为对人体有益，而大肆挖井取水时，地下水总会有用尽的一天，到时候地下水抽空，导致地层下陷，很有可能发生威胁我们生命的灾难。

争夺水的战争

由于河川源于高山，终于大海，而且河水因为没有盐分，可以直接饮用，所以从古到今，河川都非常重要。问题是河川不像湖水一样停留在一处，不管它有多大，都会流过广袤的土地，很难只隶属于某个国家。

所以当一条河川流过两个以上国家时，这河川就成为"国际河流"。目前世界上属于国际河流的河川多达214条以上，其中有50个国家以国际河流为中心，发展经济与文化。

如果所有的人都爱惜河川，那么就不会发生问题而邻国之间就能相安无事。但是如果位于上游的国家污染了水源，就会

造成位于下游的国家只能使用受污染的水。例如最具代表性的莱茵河，也是一条流经瑞士、奥地利、德国、法国、荷兰等多个国家的河川。如果位于上游的瑞士污染了莱茵河，就会与位于下游的德国、法国等国家发生争执。

此外，如果上游的国家为了自己的利益，在河川上建造水坝改变河道，就将造成下游的国家能使用的水量大幅减少。

1975年印度在接近孟加拉国的地方，建造了法拉卡水坝。这座水坝拦截了恒河的水，带给印度农民很大的利益。但相对而言，流进孟加拉国的恒河水，变得沙子比河水还要多，再加上孟加拉国本身就没有石头，所有的石头都要靠恒河带进来，如今水量减少，导致石头也无法流进来。结果没有石头的孟加拉国，只好用泥土盖房子。

　　一说到埃及我们就会联想到的尼罗河，共流过埃塞俄比亚、苏丹、刚果、乌干达、肯尼亚、坦桑尼亚等九个非洲国家，问题是位于尼罗河最下游的埃及最早建造了阿斯旺水坝，虽给埃及带来很多利惠，却导致尼罗河沿岸其他国家取水困难。埃塞俄比亚等上游国家纷纷提出建造大坝的计划，引起埃及的担忧。

　　为了更公平地用水，很多国家签合约来达成协议，可是效果并不明显。因为每个国家为了让自己国家获得最大的利益，在签署合约与协议时都只顾着自己，所以因为水而引起的国际纷争，基本上都无法圆满地解决。在不久的将来，各国为了河川使用权，发动战争也说不定。

我们要为干净的水而努力

　　石油与煤炭是供应能量的最具代表性的资源,可是这些蕴藏在地底的资源是有限的,总会有用尽的一天。科学家们为了应对这天的到来,开始寻找替代石油与煤炭的资源,例如太阳能、风力、生物燃料等,但是水呢?没有任何一种资源可以代替水。

我们一起来保护水

现在世界各地因为气候异常,而陷入干旱、洪灾、酷热的痛苦中。非洲人为了找到干净的水,费尽心力地挖井,一些挖不出井水的地方,为了霸占水源甚至发动了战争。如今有2400万人因为沙漠化而离开家乡,全世界种植粮食的土地中,有三分之一因为干旱而无法种植任何农作物。

人们喝了受污染的水,得了不知名的疾病,最后奄奄一息地死去;失去森林与河川的动物们,曝晒在烈日下,像化石一样死在沙漠化的大地上,或成为其他动物的猎物。

　　而随心所欲地打开水龙头洗脸、刷牙、洗澡，偶尔还会和家人一起去水上乐园游玩的你，也许会想："真的会发生这种事？""哎！怎么可能？"是啊！只要转一下水龙头，一年四季无论热水或冷水，爱怎么用就怎么用，再加上雨还在下、雪也在飘，怎么可能会缺水？你一定不相信吧？

　　水的确是不停地在循环，可是由于人类毫无节制地用水，以及大自然生态失去平衡、世界各地气候异常等因素，失去的水已超过了雨雪降下来的量。现在我们所使用的水量，比起爷爷奶奶那个年代多了六倍，富裕国家所使用的水量，甚至比贫穷国家多300~400倍。而中国、澳大利亚、美国等产粮大国，有一些地区正因为干旱而粮食产量锐减，连带导致物价上涨；有的国家甚至传出越来越多人饿死的消息。

大家都觉得中国水源丰富，应该没有缺水问题，其实我们国家很多地方都缺水。中国淡水资源总量为28000亿立方米，仅次于巴西、俄罗斯、加拿大、美国和印度尼西亚，居世界第六位。但人均淡水量仅相当于世界人均量的四分之一，即每年人均占有2200立方米。中国水资源受降水时间集中的影响，可利用的水较少。

中国西北、华北、东北等北方城市几乎都缺水。北京市人均用水量只相当于一些发达国家首都的三分之一，经常出现供水不足甚至停水的现象。中国目前日缺水量达2000多万立方米，其中工业缺水量每年1200万立方米，每年影响工业产值200多亿元。全国农村5000万人，还有3000万头牲畜饮用水发生困难，2000公顷耕地受到旱灾的严重威胁。

因为有你们的关爱，我放心不少！

水不见得多多益善

　　水太多了也会让人苦恼喔！因为那样会引发洪灾。如果发生了洪灾，人类会受伤，建筑物会泡在水里，水传染病会蔓延夺取人类的性命，饮用水也会因为被各种垃圾与含毒的污水污染而无法被人类饮用。

当然如果太缺水也一样令人担忧，因为那样大地会干旱，人类无法居住的沙漠会逐渐扩大，没有水可洗澡而使越来越多人罹患皮肤病，环境越来越脏乱而大量孳生传染病菌，还有，最重要的是没有水可以喝了。

你现在明白水为什么珍贵了吗？还有为什么要节省用水了吧？

如何保护水源

保护水源最简单的方法就是在山上种植很多树木。

如果在河川两岸种植树木，水泛滥时就比较不会灌入村子里。

全面铺设家庭污水下水道，输送至污水处理厂处理后再排放至海中，同时严格监测工业废水的排放，防止污染物质流进河中。

种植农作物时，不使用含有化学成分的肥料与农药，这样不仅能保护水源，也让我们的身体更健康。

将有助于农作物生长的堆肥覆盖在农田上，不要堆放在一边，这样可预防污染物质渗进地底。

天然湿地会帮忙过滤雨水里的污染物质，所以一定要好好保护，不要让它消失。

垃圾必须分类，不可随便丢弃。

工厂要装置废水净化的设备，避免污染河川与大海。

为了预防河床淤积太多的沉淀物，需要定时地清理，避免污染河川与大海。

每个家庭改用天然清洁剂，取代有化学成分的清洁剂。

在学校画完画后，墨水与颜料不要倒进下水道里，应个别处理。

到餐厅吃饭时，适量取用，减少厨余。

修理破旧的水管，不要白白地浪费水，遛狗时记得带塑料袋以便处理狗粪。

当然不要忘了一定要关紧水龙头，确定没有在滴水。

除此之外，不要用浴缸装水泡澡，而以简单的淋浴来节约用水。

最好早上或晚上浇花草，因为在烈日当空的大白天浇水，需要更多的水。

只有在要洗很多碗时才用洗碗机，平时用手洗就好。

马桶水箱里放块砖头，或装满水的塑料瓶，这样冲马桶时可以省水。

从盖房子开始就要想到节约用水

在整个社会越来越关心环保时，建筑师们也开始思考"到底能节约多少水"的问题，并且努力地要实践这种想法。于是在设计户数众多的公寓大厦及高层的办公大楼时，利用雨水作为建筑物的公共用水。

以前公寓顶楼的雨水，透过长长的水管流进下水道里，可是现在建造的公寓开始设置雨水再利用设备。所谓的雨水再利用设备，是指把雨水收集到设置在公寓地下室的大水塔里，经过净化处理后再次使用。这些水可以拿来浇花草、清洁打扫，或作为喷水池用水，甚至也可以用来冲住户家里的马桶。这种设置雨水再利用设备的公寓，一年可节省很多钱喔！

目前日本东京已有750栋建筑物装设雨水再利用设备，而德国则将各建筑物屋檐流下来的雨水，沿着排水沟贮留到地下或地上的水塔里，然后再拿来使用。

中国台湾省发布条文规定，总楼地板面积在3万平方米以上（例如台北小巨蛋）的新建筑，都必须强制设置雨水贮留再利用系统。台北市动物园的雨水贮留再利用系统，每年可循环使用的雨水近30万吨，每年为动物园省下近300万新台币的水费。

　　2010年上海世博会期间，世博园中国未来馆对废水资源的循环利用进行了一次生动的示范。

　　该馆采用了某科技创新型企业与同济大学共同研发的PVC合金超滤膜生物反应器，对馆内生活污水及屋面雨水进行收集、处理及回用，规模达到120吨/天，年处理污水将达4万多吨，全部回用于冲厕和场馆绿化。

　　等雨水再利用设备越来越普及时，到了夏天淫雨季，就不会有很多人因水灾而受苦了。

不需要用水的马桶

最近有人发明了不用冲水的小便斗,无细孔的表面可防止沉淀及臭味产生,小便斗底下装设过滤器,就算不冲水也不会有异味,并且可预防害虫与细菌滋生。虽然三个月要更换过滤器有点麻烦,可是比起水冲式,可以节省很多费用。

如果以一个小便斗冲一次,大约需要四升的水来计算,每年可节省超过十万升的水。

污水的再利用

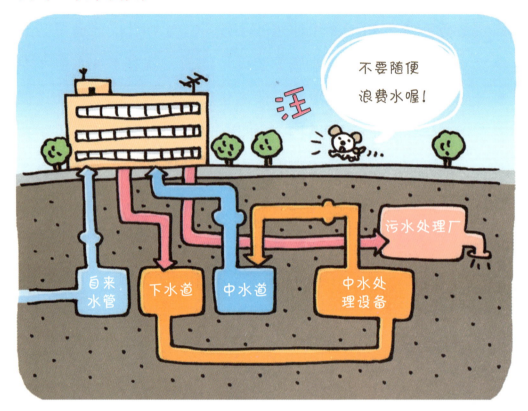

水也可以像垃圾一样再回收利用喔！而且只要装设中水道设备就可以了。所谓的"中水道"，是指自来水道与下水道之间的水道。也就是说，把用过一次的自来水收集、净化后，再次利用到冲马桶、洗车、清洗院子、灌溉植物、灭火等。

有了中水道，洗脸、洗澡及洗衣服的水，用过后不会直接流进下水道，而是贮留在建筑外面的水塔里。这水塔里面的水，就像人们把河水变成自来水一样，先用药剂处理，再经过凝集、沉淀、过滤及消毒后，变成干净的水，收集到水塔里留着备用。

美国早在1926年就已有这种设备了,并且在缺水的地区回收作为饮用水。上海青浦第二污水处理厂的中水供应项目在2012年建成,投产后每天可提供2000吨中水。这也将为今后上海推广水资源循环利用提供借鉴。

救活森林救活水

水通过有花、草、树木的森林净化后渗入地底。雨下得再多,只要有草与树木的根支撑着土地,土石便不容易崩塌,更何况植物的根还会吸收水分呢!所以溪河两岸种植密密麻麻的树木时,就可以预防河水泛滥了。

有关水的常识问答

01 大海在地球诞生时就已存在。
（○ ×）

02 水是看得见的,所以看不见的气体不可能是水。（○ ×）

03 比水蒸气稍微大一点的水珠,聚集后飘在天空里称为_____。

04 由于_____原理,温暖的空气往上升,寒冷的空气往下降,造成水蒸气升往天空。

05 白云里的水珠比较干净,而乌云里的水珠比较脏,所以颜色不一样。（○ ×）

06 渗入地底的雨水称为_____。

07 降下来的雨水,聚集在湖泊、河川、大海、溪谷及湿润的土地后，因阳光照射而_____，重新渗入空气中，或被植物的根吸收，通过叶面的气孔重新回到_____。

08 在地球上冰河的水最多。（○ ×）

09 水从地面、大海上升到大气，然后又从大气返回到地面、大海，总共需要两天左右的时间。（○ ×）

10 水顺着河川撞击河岸或河床称为_____作用，河岸或河床的沙土遭到侵蚀而带往下游称为_____作用，河水挟带的沙土失去冲力后堆积在缓流处称为_____作用。

11 由水搬运的沙土堆积而成的地方称为大平原和原野。（○ ×）

12 河水上游生长着鳟鱼、鲑鱼等鱼类。（○ ×）

13 _____是在很多艺术作品中最常见的海神，手里总是拿着三叉戟。

14 船员守护神阿佛洛狄忒的名字含有"从贝壳中诞生"的意思。（○ ×）

15 古时候的人总认为所有的生命来自大海，所以_____是生命的起源。

16 中国宋代时，雨神_____得到了认可。

17 太久没有下雨时，人类为了请求老天爷下雨，而举行_____

18 皈依基督教时，为了洗清一身的罪孽，让自己重生，会进行_____仪式。

19 因为世界缺水，因此已禁止举行像"宋干"与"达降"的泼水节。（○ ×）

20 泼水节起源于洗去厄运、换来好运的祈福之心。（○ ×）

21 土耳其观光胜地棉花堡以泉水治病而闻名。（○ ×）

22 ＿＿＿＿＿＿＿＿＿＿是一种地下水，因为地热使其温度升高，涌出地面而形成。

23 水真的具有治疗疾病的功效。（○ ×）

24 医学之父＿＿＿＿＿＿＿＿＿＿认为温暖的水有助于稳住人的情绪，所以治疗相关疾病时都会利用温泉浴。

25 中国东周时的风俗至少三日洗一次头、五日洗一次澡，因此官府每五天给一天假，称为"休沐"，让官员有空好好洗个澡。（○ ×）

26 大约在宋元时，因为商业兴盛，城市中出现了公共澡堂。（○ ×）

27 古希腊时代的科学家阿基米德，曾光着身体从浴缸里跑出来大喊："＿＿＿＿＿＿＿＿＿＿"。

28 34亿到35亿年前，从地底诞生最原始的生命体后，逐渐出现更复杂的生命体。（○ ×）

29 我们的身体只要缺少了百分之一到二的水分，就会觉得非常＿＿＿＿＿＿＿＿＿＿，如果缺少百分之五的水分会昏迷不醒，如果缺少到百分之十二的水分就会死亡。

30 刚出生的婴儿身体里四分之三都是水分。（○×）

31 水存在人体膀胱内的＿＿＿＿＿＿、脑内的脑脊液、骨头与骨头间的关节液、眼睛内的房水与＿＿＿＿＿＿、皮肤内的汗水、肺部内的水蒸气等里。

32 植物的根吸收地底里的养分与＿＿＿＿＿＿＿＿，再由叶子把＿＿＿＿＿＿＿蒸发出去。

33 覆盖大地的植物逐渐减少时，像＿＿＿＿＿＿一样干燥的土地将会越来越多。

34 英国科学家卡文迪西通过无数次的实验后，终于发现以2倍体积的＿＿＿＿＿＿与1倍体积的＿＿＿＿＿＿结合可以形成水。

35 水的化学符号以"＿＿＿＿＿＿"来表示。

36 水只会从高处往低处以直线流动。（○ ✕）

37 水是无色无味的液体，所以无法和任何东西混合。（○ ✕）

38 _____是利用水从高处往低处落下时，所产生的势能让水车转动，进而带动与水车连结的发电机运转产生电力。

39 水力发电只需靠水制造能量，所以比起以煤炭、石油作为燃料的火力发电，以及利用放射性物质的核能发电等，更不会污染空气与土壤。（○ ✕）

40 水坝主要是为了预防旱灾而建造，所以对耕作农作物一点帮助也没有。（○ ✕）

41 建造水坝是件好事，所以建造得越多越好。（○ ✕）

42 _____为海水发电的一种，利用涨潮与退潮来获得能量。

43 利用海浪的波动获得电力的波浪能发电，只要一些简单的设备就可以获得能量。（○ ✕）

44 _____一年四季定向往北流动，自菲律宾转向台湾岛后，与台湾陆地距离不到一千米，而且流速每秒一米，很适合利用来作为_____发电。

45 发电方式除了利用表层海水与深层海水的海水温差发电外，还有利用小溪或瀑布冲下来的力量发电的_____等。

46 _____是指把很咸的海水变成可以饮用的水。

47 _____是指利用飞机在云里洒出下雨的种子，或射出降雨的设备。

48 2300年前古罗马时代就有引水渠道与下水道了。（○ ×）

49 早在战国时期便有陶制的排水沟渠。唐代扬州城的排水涵洞，宽1.8米，高2.2米，可容人自由穿行。（○ ×）

50 130多年前旅顺所建设的"龙引水"工程，是中国最早使用的近代自来水系统。（○ ×）

51 中国香港地区的饮用水主要依靠大陆供应。（○ ×）

52 自来水为了去除水里的杂质与细菌、异味与腥味，而加进各种药剂，制作成洁净的水。（〇 ✕）

53 我们的自来水都要经过检验，符合_____，才能被居民使用。

54 自来水里加了消毒水，所以多多少少有点消毒味。（〇 ✕）

55 在自来水中放入木炭很不卫生。（〇 ✕）

56 我们现在喝的（　　　）都是把地下水、岩盘水、泉水等过滤杀菌后，装入瓶中来卖的。

57 _____是最具代表性的水传染疾病，从1817年印度孟加拉地区开始蔓延到全世界，夺走很多人的性命。

58 身体发烧后，接着出现呕吐腹泻等症状的疟疾，是由病媒蚊传染的。（〇 ✕）

59 霍乱和疟疾早就绝迹了，现在已经没有这种病了。（〇 ✕）

60 虽然缺水问题越来越严重，可是全世界的许多人都还是在毫无节制地浪费水。（○ ×）

61 ＿＿＿＿＿＿＿＿是指因为雨雪让河川泛滥，农夫辛辛苦苦种植的农作物，以及房子与陆地全都被淹没在水里。

62 以强大压力形成的细长水柱，可以切割坚硬的石头及数片叠在一起的铁板。（○ ×）

63 我们使用的水中，真正使用的水有百分之九十五，只有百分之五流失掉。（○ ×）

64 清洗莴苣叶片或洗碗时，没有用橡皮塞塞住水槽的排水口，一分钟将流掉7.5升的水。（○ ×）

65 工厂与汽车排放的废气，在空中和雨混合成的酸雨，与地下水毫无关系。（○ ×）

66 在农田喷洒的肥料与杀虫剂，都含有对身体有害的化学成分，这些化学成分溶于水后，流进河里毒死了鱼类。（○ ×）

67 从垃圾场流出的污染物质，除了渗入地底，也流入河川。（○×）

68 就算地球每年温度升高，两极地区因为一年四季都非常寒冷，所以冰河绝不会融化。（○×）

69 海水温度升高时，海里的各种藻类迅速成长，造成大海缺氧，导致生长在海里的生物缺氧窒息而死。（○×）

70 冰河的水和大海一样咸，所以不能饮用。（○×）

71 岩盘水不同于地下水，清澈又干净，对身体有益。（○×）

72 自然涌上来的地下水为泉水，靠人力凿穿地层后，汲取上来使用的地下水为_____。

73 _____是指有两个以上国家共同利用的河流。

74 _____指自来水道与下水道之间的水道。也就是说，把用过一次的自来水收集、净化后，再次利用到冲马桶、洗车、清洗院子、灌溉植物、灭火等。

答案

01 ✗ | 02 ✗ | 03 云 | 04 对流 | 05 ✗ | 06 地下水 | 07 蒸发、大气 | 08 ✗ | 09 ✗ | 10 侵蚀、搬运、堆积 | 11 ✗ | 12 ○ | 13 波塞冬 | 14 ✗ | 15 水 | 16 龙王 | 17 祈雨祭 | 18 受洗 | 19 ✗ | 20 ○ | 21 ○ | 22 温泉 | 23 ○ | 24 希波克拉底 | 25 ○ | 26 ○ | 27 尤里卡（我找到了）| 28 ✗ | 29 口渴 | 30 ○ | 31 尿液、泪水 | 32 水分、水分 | 33 沙漠 | 34 氢气、氧气 | 35 H_2O | 36 ✗ | 37 ✗ | 38 水力发电 | 39 ○ | 40 ✗ | 41 ✗ | 42 潮汐发电 | 43 ✗ | 44 黑潮、海流 | 45 小型水力发电 | 46 海水淡化 | 47 人工降雨 | 48 ○ | 49 ○ | 50 ○ | 51 ○ | 52 ○ | 53 饮用水标准 | 54 ○ | 55 ✗ | 56 瓶装水 | 57 霍乱 | 58 ○ | 59 ✗ | 60 ✗ | 61 洪灾 | 62 ○ | 63 ✗ | 64 ○ | 65 ✗ | 66 ○ | 67 ○ | 68 ✗ | 69 ○ | 70 ✗ | 71 ✗ | 72 井水 | 73 国际河流 | 74 中水道

水的相关名词解说

岩浆　在地底呈液态的融化物质，在火山爆发时向外喷发。

氢气　无色无味，又轻又容易点燃的气体元素。

气体　就像水蒸气与氧气一样，没有固定的形状，可以自由自在移动的物质。

地表　陆地表层。

太阳辐射　指太阳的光与热射在地球上。

对流　热气体或液体持续往上，冷气体或液体持续往下的现象。

凝结　指气体因为温度下降或受到压力的影响，变成液体的现象。

三角洲　河川与大海相连之处形成的地区，由河川挟带下来的泥沙堆积而成。

饮用水　可以喝的水。

蒸发 指由液体转变成气体。

大气 包围地球的所有空气。

循环 指经过了固定流程后又回到原点，或是不停重复的现象。

淡水 不含盐分的水。

冰河 指高山或严寒的北方，雪一层层堆积成结冰状态，甚至覆盖至大海。

侵蚀作用 指水或风不停的侵袭陆地及岩石，一点一点粉碎其表层的作用。

搬运作用 指水或风将侵蚀下来的泥土、碎石等挟带搬运至别处的作用。

堆积作用 指通过水或风，堆积很多沙土或垃圾等的作用。

浮游生物 指漂浮在水里或水面上的微生物，也是鱼类的主要食物。

旱灾 指很久没有下雨，农作物枯死，河川干涸，露出河床。

干季 指一年当中比较不会下雨的干燥季节。印度、老挝、缅甸、越南、柬埔寨、泰国、巴西等国家的天气，就分为明显的干季与雨季。

活性碳　可吸收某些特定物质的碳。因为还具有快速吸收色素与杂味的特性，所以常用于防毒面具之类的物品中。

消毒　利用药物或热能杀死细菌。

供水　从水源处铺设输水管，将水分送至各家庭的水龙头。

杀菌　指通过药物或加热来杀死细菌。

水传染病　通过与水有关的食品，或因为水里的病菌而传染的疾病。例如痢疾、肠伤寒、霍乱等。

消波块　指为了预防海浪冲蚀海岸，在岸边堆栈的人造岩块。

废气　含有污染物质的气体。通常指燃烧燃料时所排放的黑烟。

酸雨　酸性很强，并含有污染物质的雨。

肥料　为了帮助植物成长而提供的养分。

杀虫剂　专门用来杀死对农作物、家畜、人类有害的害虫的药品。

重金属　指铅、镉、汞等对人体有害的金属。

全球变暖　指地球气温上升的现象。

冰湖　指由冰河融化的水所形成的湖。

国际河流　有两个以上国家共同使用的河，全世界共有214条多重国籍河。

雨水再利用系统　指把雨水贮集到设置在地下楼层的水塔里，经过净化处理后重新再利用。

中水道设备　指把只使用过一次的自来水贮集起来，经过净化处理后，再使用于其他用途的设备。

有机物　指可以形成生命体，又可让生命体有活力的物质。

进化　指生物经过很长的时间，一点一点地产生变化，并且变得更为复杂。

荷尔蒙　由体内特殊器官制造出来的物质，具有调解某些组织与器官的功能。

抽水机　利用空气的力量把液体往上抽的装备。

光合作用　指绿色植物吸收阳光后，利用二氧化碳与水分，制造淀粉与葡萄糖等化合物。

氧气　存在于空气中，像水一样，无色无味，是生物呼吸及燃烧时不可缺少的气体，非常重要。

水车　指利用大轮子转动，把低处的水移往高处的设备。

洪灾　指雨下太多，造成河川与小溪水位暴涨泛滥。

涨潮　一天两次上涨的海水。

退潮　海水涨潮后再度后退，海平面下降。

海水淡化　指把盐水变成可以饮用的水。海水淡化有两种方法，一种是利用蒸发海水产生的水蒸气来制造淡水，另一种是借由薄膜过滤盐分后来制造淡水。

人工降雨　指为了把云层里的水珠变成雨，在云层里喷洒雨的催化剂或发射装备，靠人为的力量降雨。

污染　指水、空气、土壤等变肮脏。

净水　把水变清澈，或变成干净的水。

过滤　指除掉液体里不纯的物质。

取水　指取用河水或地下水。

沉淀　让混杂在水里的物质往下沉。沉下去的物质称为沉淀物。